看图学育儿

孩子的心理指导

[日] 菅原裕子 著
[日] 石黑悠子 绘
李花子 译

中国民族文化出版社
北 京

版权所有 侵权必究

图书在版编目（CIP）数据

孩子的心理指导／（日）菅原裕子著；李花子译
．—北京：中国民族文化出版社有限公司，2021.1（2022.8重印）
ISBN 978-7-5122-1412-5

Ⅰ.①孩… Ⅱ.①菅… ②李… Ⅲ.①儿童心理学
Ⅳ.① B844.1

中国版本图书馆 CIP 数据核字 (2020) 第 193519 号

ILLUST BAN KODOMO NO KOKORO NO COACHING
Copyright © 2014 by Yuko SUGAHARA
Illustrations by YUKO ISHIGURO
All rights reserved.
First original Japanese edition published by PHP Institute, Inc., Japan.
Simplified Chinese translation rights arranged with PHP Institute, Inc., Japan.
through Rinch International Co,. Ltd.
著作权合同登记号：图字 01-2020-3477

书　　名：	孩子的心理指导	
作　　者：	［日］菅原裕子	
插　　画：	［日］石黑悠子	
翻　　译：	李花子	
责任编辑：	张晓萍	
设　　计：	姚　宇	
排　　版：	沈　存	
责任校对：	祁　明	
出　　版：	中国民族文化出版社	
地　　址：	北京市东城区和平里北街 14 号（100013）	
发　　行：	010-64211754　84250639	
印　　刷：	金世嘉元（唐山）印务有限公司	
开　　本：	880mm×1230mm　1/32	
印　　张：	5.5	
字　　数：	100 千	
版　　次：	2022 年 8 月第 1 版第 2 次印刷	
标准书号：	ISBN 978－7－5122－1412－5	
定　　价：	49.80 元	

当孩子能够自己做的时候,不要替孩子做。伸出援手只需偶尔为之,而一旦成为习惯,你就剥夺了孩子的自尊与自信。

——鲁道夫·德雷克斯

(美国儿童心理学家、教育家,现代实践派儿童心理学奠基人)

序 言

我们的环境一旦得到改善,就能发挥人类原本具备的力量。本书中的"指导"是指开发各项能力,协助开发的人称为"教练"。

我提出将这个想法运用到育儿领域,开发了"诚意交流(heartful communication)"项目,举办讲座,培养教练(讲师),在全国各地发表演讲,致力于将父母作为教练培养,开发孩子成长的力量。因为父母的成长,将扩展孩子的生长力。

2003 年,我通过 RYON 社(现为"一见书房")出版了关于"诚意交流"的书,即《孩子的心理指导》。这本书在 2007 年由 PHP 文库作为文集出版,使更多的人认识了它。接下来就是这本《孩子的心理指导》插画版,选取了文章精华,搭配插图,做成了一本相对平易近人的书。

将"诚意交流"传递到世界的每个角落,是我的梦想。希望大家通过这本书,在培养孩子自立、自信方面受到启发,让我们的育儿生活收获更丰富的经验。

特别感谢以下人员和机构对本书的支持和协助:

文本设计,阿部美树子(气户);

执笔协助,和泉美多佳、吉田直子、茂木直美;

制作协助,株式会社欧美佳社。

菅原裕子

目 录

Part ❶ 父母的作用是什么？

父母的作用是什么？ / 4

育儿，父母需预见孩子的未来 / 6

父母的作用是做坚定的"支持者" / 8

尊重孩子的意愿，不越界 / 10

绽放孩子才能的引导力 / 12

有意识改变，从"帮助"改为"支持" / 14

孩子个性不同，处理方式不同 / 16

Part ❷ 想要教给孩子的三件事

教会这件事一：学会爱

只有被爱才能培养自我肯定感 / 22

爱与安全感从哪儿来？ / 24

    1. 丰富的肢体接触，将"爱"说出口 / 24

    2. 回应婴儿的哭泣 / 24

    3. 经常使用正面语言 / 25

    4. 从现在开始不使用否定和命令语气 / 25

父母给予孩子的安全感测试 / 26

孩子是否缺乏安全感测试 / 27
无条件爱孩子现在的样子 / 28
不宠溺，接纳孩子的撒娇 / 30

教会这件事二：责任

孩子起床是谁的责任？ / 32
让孩子体验行为产生的自然后果 / 34
鼓励孩子自立，承担责任 / 36
保持平衡的"父性原理"与"母性原理" / 38
培养责任感，从"早上，不叫醒起床"开始 / 40

    1. 和孩子定好规则 / 40

    2. 交谈怎么样进行协助 / 40

    3. 认可孩子自己做到的事情 / 41

    4. 坚持原则，坚持下去 / 41

教会这件事三：从帮助他人中获得愉悦

真正的动力由内而生 / 42

表扬还是批评，让孩子如愿行动？ / 44

    1. 表扬的正确方法 / 45

    2. 代替惩罚的方法 / 47

帮助他人的愉悦创造幸福 / 50

传递"帮助他人的愉悦"的感激与共鸣 / 52

根据不同的孩子，不急不躁，不断引导 / 54

Part ❸ 让孩子幸福的教养

你是否被"理想型孩子观"所束缚？ / 60

重置你的发怒开关 / 62

明确家庭生活框架 / 64

规定重点生活习惯 / 66

    1. 早睡早起 / 66

    2. 有规律地进餐 /67

    3. 个人清洁卫生及整理身边的东西 / 68

    4. 自己和他人的区别 / 69

    5. 言语教养 / 70

6. 给予选择的自由 / 71

试起草"家庭守则" / 72

体验不遵守规则导致的后果 / 74

1. 早上到时间也不起床 / 75

2. 不会保管随身携带的物品，丢失或遗忘 / 75

3. 非要买计划以外的东西 / 77

4. 约定的事情不执行，做事拖拉 / 77

不宠溺孩子 / 79

越说"不行"越不行 / 82

怎么做，孩子才愿听？ / 84

转变孩子的魔法语言 / 86

Part 4 连结心灵的倾听方法、沟通技术

一切由倾听开始 / 94

你的"细听"检查 / 96

倾听技术

1. 首先要保持沉默，全神贯注地倾听 / 98

2. 用"哦……""这样啊……"回应，并重复孩子的话 / 100

3. 引导孩子提出解决方案的倾听方法 / 102

4. 体谅孩子的心情 / 106

  5. 用态度表达愿意理解孩子的心情 / 110

接纳孩子的感受 / 112

坦诚告诉孩子父母的感受 / 114

沟通技术

  1. 将沟通的主语由"你"换为"我" / 116

  2. 客观地描述事实 / 118

  3. 告别长篇大论，用简短的词语表达 / 122

  4. 学会写便条 / 125

如何培养有主见的孩子 / 128

倾听中制造沟通心灵的纽带 / 130

Part 5 成为幸福父母的方法

来自孩子的自立

  1. 父母也要爱自己 / 138

  2. 孩子并不要求完美的父母 / 140

  3. 从父母身上学会做事的快乐 / 142

  4. 心怀请求支援的勇气 / 144

来自父母的自立

  1. 父母不会变，改变你自己 / 146

  2. 脱离过度干涉的父母，自立生活 / 148

  3. 与原生家庭，不要怕碰撞 / 150

附录

连结心灵的倾听方法 / 153

避免冲突的沟通技术 / 155

制订家庭生活框架 / 157

育儿手记 / 159

编后记 /160

Part ❶
父母的作用是什么？

本章重点内容介绍

牢记父母的作用,是做孩子的支持者,而非指挥者;父母的长远目标,是帮助孩子树立自尊心,让孩子充满干劲,成为独立的、快乐的、有教养的、有用的人。

- ♥ 育儿,请预见孩子的"未来"
- ♥ 孩子原本就喜欢行动,充满干劲。
- ♥ 父母一旦撤出助手角色,孩子自然可以自主思考和行动。
- ♥ 细心观察孩子,用符合孩子个性的方式相处,消除亲子间不必要的压力。

父母的作用是什么？

育儿，父母需预见孩子的未来

身为父母，很多人在不知不觉中只在意孩子的"当下"。现在，孩子是不是安全的；现在，孩子的表现是不是我们所期盼的。

只关注孩子的"当下"，按照自己的想法行动和教导，用这样的手法，父母们掌控了眼下的心安和纪律。

然而父母们并不知道，这样的做法是在慢慢消磨孩子的自主性，破坏从中萌生的欣喜之芽。

孩子是通过种种生活体验，慢慢学会保护自己，学会如何与他人相处，学会处理自我情绪和对自己行为的自控力的，这些都是生存必备的技能。

如果在这个时期，父母紧紧跟在孩子的后面做指挥者，结果会怎么样呢？孩子将失去自主思考的能力和亲身体验的机会。

其实父母带孩子的时间十分有限，只有短暂的幼儿时期。从孩子的同伴关系开始到孩子在社会中的种种历练和体验刺激，父母是无法持续掌控的。育儿过程中，我们该展望的是孩子的"未来"，那

Prat ❶ 父母的作用是什么?

是他们自己开辟的人生之路,需要独自面对生活,活出自己的活力。

父母要学会深入孩子的内心世界去了解他们,而不是改造他们;要学会信任孩子,才会放弃严密看管和指挥,积极地支持他们,教他们生活必备的生存智慧,这才是父母的首要任务。

父母的作用是做坚定的"支持者"

有这样一个例子,"给饥饿的人钓鱼吃,还是教他怎么钓鱼?(授之以鱼还是授之以渔)"。父母是想成为全方位协助孩子的"助手",还是成为赋予孩子解决问题能力的"支持者"?

父母应该做的事情,就是成为孩子坚定的"支持者"。相信孩子"可以做到",在一旁守护着他们,关怀而不干涉,支持而不教导,让孩子学会自主生活的能力,学会与这个世界相处的方式,父母只在必要的时候才出手相助。

如果我们尊重孩子的独立性,相信他们,不剥夺孩子成长的机会,才不会妨碍他面对问题、解决问题的能力。被允许用自己的力量解决问题,是很多孩子的愿望。

当然,人们都有一个时期是必须有"助手"在场的。比如,刚出生的婴儿是真正需要"助手"的人群。当孩子遇到超过自身能力所及的事情,以及生命或心灵处于危险的时刻,帮助孩子就是父母的责任。

Prat ❶ 父母的作用是什么?

帮助　过度超载自身能力时出手

例　幼儿刷牙最后帮忙收尾
　　深夜学习接送

支持　增加孩子"可以做的事情"

例　教孩子自己刷牙的方法　　教孩子安全骑自行车的规矩

用"支持"培养孩子的独立生活能力。

尊重孩子的意愿，不越界

刚出生的婴儿有许多不能做的事情，比如哺乳、换尿布等事情需要父母帮助。慢慢地，婴儿学会翻身、坐立、爬行、走路。

但是，许多父母并没有在意孩子一直在成长，始终认为他是"需要帮助的存在"，执着于给孩子提供无微不至的帮助。于是，父母为了守护无力的孩子而持续不断地付出，如果一直保持这种爱孩子状态，只会将他养育成什么也不会做的巨婴。

父母对于孩子的需求总是无条件给予，凡是孩子的问题总是第一时间解决……在这种帮助下成长的孩子，父母的付出只能成为他连眼前的问题都不会解决的"障碍"。

孩子原本充满了干劲和执行能力。那是大自然给予人类的，为了独立生存而学习必备技能的力量。因此，对于父母来说，最重要的是遵从孩子的成长规律，将"帮助"改为"支持"，尊重孩子自主学习、勇于发现的能力。

Prat ❶ 父母的作用是什么？

一起分辨帮助和支持的区别

首先，让我们回顾一下父母所做的帮助，并从中找出哪些是必要的支持，哪些是多余的帮助。

绽放孩子才能的引导力

有时候，只要稍等片刻，孩子就能自己完成的一件事，父母大人们却等不及了，他们一边说着"快点做吧"，一边替孩子做完了。你们是不是也经常这样做呢？

"自己做"，对于孩子意味着需要一件一件进行体验，这是十分重要的。父母该做的，是不要着急，带领孩子梳理好需要做哪些事

Prat❶ 父母的作用是什么?

情,然后提供方法,倾听和陪伴孩子,等待孩子自己完成,是不是很像运动教练呢?

作为教练,绝对不可能替选手(孩子)进行比赛。教练的工作是绽放运动员的才能,使他们以更好的状态参加比赛。

父母作为孩子的教练,以下三点很重要:

1. 相信"孩子能做到"。
2. 知道孩子本身很想做得更好。
3. 等待孩子期待的事情发生,需要支持的地方表示无条件支持。

对于孩子来说,这是充满爱意的信息,意味着"你是有无限可能的孩子,爸爸妈妈会不遗余力支持你的"。有了这般爱的信息做后盾,孩子会变得更加坚强。

有意识改变,从"帮助"改为"支持"

父母对于孩子的所作所为,该如何进行改变,从"帮助"改为"支持"呢?首先从观察孩子开始,对如下项目进行"是""不"或"不知道"的回答。

1. 孩子喜欢笑
2. 每天很愉快
3. 对喜欢的事物眼睛发亮
4. 喜欢自己玩
5. 经常和父母撒娇
6. 对许多事物表示关心
7. 有自己的主张
8. 对着父母的视线说话
9. 讨厌父母过多干涉和介入
10. 总是机械性回复父母

我可以自己做!

Prat ❶   父母的作用是什么？

对于7岁以上的孩子，请添加如下项目。

11 早上自己起床

12 喜欢交流学校发生的事情

13 经常倾诉烦恼

14 总是征求父母的意见

15 有耐心，但不会过度忍受

怎么样？在重新观察孩子的时候，有没有发现孩子真正所需要的？

很多的"不知道"
首先仔细观察孩子，从了解孩子开始吧。

很多的"是"
需要改变的时候必须改变，你具备这样的能力。事情正往好的方向发展，这时候需要进一步做好巩固，这一点很关键。

很多的"不"
不必担忧。在阅读本书的过程中，你将会找到方法做出改变。

孩子个性不同,处理方式不同

每个人都有自己天生的气质。这种气质将通过思考方式和动作行为表现出来,这一点大人和孩子都一样。认真观察孩子,在理解孩子性格的基础上体谅他,这是育儿过程中最重要的一点。

例如,让我们从孩子的行动速度开始想一想。对待周围的事件或遇到的问题,有的孩子能迅速作出反应;相反,有的孩子则慢悠悠的,完全不顾周围的变化,全程泰然自若。如果父母和孩子的性格一致,基本上不会存在违和感。然而,如果性急的父母(行动敏捷的父母)遇到慢性子的孩子,父母可能会看不惯孩子慢吞吞的动作,就开始"快点快点"地催促孩子,是不是这样呢?相反也是同样的道理哦!

所以,父母首先要明白,孩子是带着不同的气质出生的,对于不同性格的孩子,要学会用与其性格相符的方式对待。例如,对于

Prat ❶ 父母的作用是什么?

慢性子的孩子,你需要掌握时间,提早行动,或者加入游戏模式,比如和孩子提议:"我们试试看需要花多长时间好吗?"再一起想出合适的处理方式,在缓解孩子压力的同时,也减少了父母的压力。

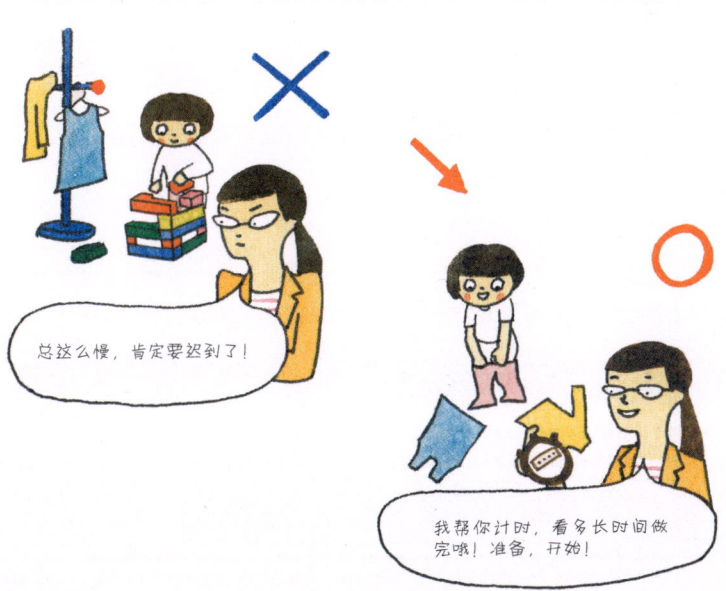

Part 2
想要教给孩子的三件事

本章重点内容介绍

　　我们教孩子面对生活最重要的三点是:"学会爱""责任""从帮助他人中获得愉悦"。"爱"是孩子安全感的重要来源;"责任"是让孩子自立、自信的基础;"从帮助他人中获得愉悦"能创造幸福。

- ♥ 用肯定的语气告诉孩子,爸爸妈妈都爱你,孩子将重视自己,心怀自信。
- ♥ 通过由自己选择并体验后果,孩子将学会承担责任。
- ♥ 当孩子感受到帮助他人带来的愉悦感时,将充满干劲。

教会这件事一：学会爱
只有被爱才能培养自我肯定感

我们生活在这个世界上，最重要的情感就是"自我肯定感"。自我肯定感，就是知道自己是必须存在这里的人，周边的人因为自己的存在而欢喜，喜欢这样的自己。这是我们充满信心，幸福生活下去的必备条件。

教会孩子自我肯定感，是作为父母非常重要的事情。孩子在人生的初期，也就是通过婴幼儿期与父母的接触，知道了什么是"爱"，就会像父母对待自己般珍惜自己，将逐步加深自我肯定感。因此，即使在以后的人生中遇到挫折，他也能从中获得面对困难的力量，坚强地活下去。如果孩子学会珍惜自己，就知道关爱他人，这两点是息息相关的。

有的人会怀疑，自我肯定会不会导致傲慢，事实上这是两个截然不同的概念。有的人为了被爱，拼命表现自己的优秀能力，被视作一种傲慢感。实际上,那是来自"内心恐惧"的行为,害怕自己没人爱的不安全感,使他拼命刷存在感。

安全感充足的孩子长大以后则很自信,无须通过刻意表现自己让别人认可。

爱与安全感从哪儿来？

安全感对人的一生至关重要。那么儿童最初的安全感从哪儿来？就来自养育者，主要是父母及时的、无微不至的、始终如一的爱与照顾，从而让孩子相信"我是被爱的，我的存在是有价值的"。具体在生活中如何操作呢？

1. 丰富的肢体接触，将"爱"说出口

这一点相信大家都能明白。"事实上，我并不觉得孩子是可爱的……"如果有些人有这样的想法，请尝试在每一天无数次看着孩子的眼睛说："好可爱哦，我爱你，非常爱。"直到内心真的这样认为。

2. 回应婴儿的哭泣

当婴儿因为饿而哭泣时，就马上喂奶；当婴儿的尿布脏得难受而哭泣时，就马上换尿布。当婴儿用哭声传递信息的时候，身边如果有人马上回应，会使婴儿感到安心，获得安全感。

3. 经常使用正面语言

父母经常赞扬、肯定孩子。在心中写入许多正面语言和想法的孩子，将具备积极正面的自我形象，这就是"自我肯定感"。

4. 尽量不使用否定和命令语气

从父母这里总听到否定语句的孩子，会逐渐变得无法喜欢糟糕的自己。为了避免使用否定用语，注意不在孩子身边放置危险物品，不命令孩子，给孩子养成自主行动的习惯。

除此之外,还有哪些事我们应该做到?

父母给予孩子的安全感测试

○ 长时间高质量的陪伴,比如每晚讲睡前故事;

○ 不威胁、吓唬孩子,如说"再不听话我就不喜欢你了""不要你了"等;

○ 不批评、责备、惩罚孩子,而是鼓励、支持、欣赏孩子;

○ 经常陪孩子游戏,参与孩子的家长会;

○ 总是按时接孩子放学,而不是最后一个;

○ 答应孩子的事一定办到,以身作则;

○ 鼓励孩子自己的事情自己做,接纳孩子的个性。

在你能做到的○里打上"√"。如果低于3个"√"需要反思哦!

Prat ❷　想要教给孩子的三件事

孩子是否缺乏安全感测试

○ 很自信、独立，不怕犯错和失败；

○ 不随意冒险，注意观察环境，小心行事；

○ 不过分黏人，也不过度独立；

○ 不过度迷恋物品，寻求物质满足；

○ 不过度怯懦，也不胆大妄为，注意保障自身安全；

○ 能接受不同意见和建议，能接受失败；

○ 乐于分享和合作，能正确对待比赛或竞争。

在孩子能做到的〇里打上"√"。如果低于3个"√"需要反思哦！

无条件爱孩子现在的样子

有的父母对孩子具有很高的期待,于是孩子每天不断被干预和被帮助,这样的孩子将逐渐接受"做真实的自己是不可以的"信息,也就是必须按照父母的期待去做,才是"好孩子"。如果孩子有了这样的感受,即使父母做得再好,也只会让孩子感觉不到爱。

例如"加油"的语言,一听就是正面语言,但有时这样的语言对于孩子来说,给他的感觉是"我做得还不够好""原来的样子不可以"的减分信号。另外,对于总被催"快点"的孩子,这个词反馈给他们的也是同样的信息。

总让孩子按照父母的意愿行动,与否定孩子的"现在"息息相关。大人与孩子对时间的感受有所不同,对于孩子来说"现在"就是一切。年龄越小的孩子,越不会被过去和未来打扰,他们尽情享受"现在"。

首先,我们要意识到,我们是爱着"现在"的"本真"的孩子,

Prat❷ 想要教给孩子的三件事

并让他时刻感受到你的爱,当孩子感受到自己此时此刻是被爱着的时候,就会逐渐形成自我肯定意识。我们作为父母,所思所为将给孩子的人生带来巨大的变化。

不宠溺,接纳孩子的撒娇

对于父母来说,当孩子对于自己想做的事情总是满怀信心去挑战的时候,是比任何事情都值得欣慰的。相反,如果孩子总是把自己能做的事情,要求"你来做"时,你会怎么做呢?如果你每次都帮孩子做了,算不算宠溺?有的家长会有这样的困惑。

在此大家要明白"宠溺"和"接纳撒娇"是不一样的。"宠溺"指的是过度干预的"多余的帮忙"。"接纳撒娇"指的是答应孩子的请求,爱意满满的"有必要的帮忙"。

我们大人有时候累了,也想得到他人的帮助。同样,孩子有时候也需要父母的帮助。

从上幼儿园开始,孩子离开父母行动的时间逐渐增多,接触到的人也逐渐增多,与朋友吵架,被老师批评……不开心的事情也会随之增加。这时候孩子需要父母的关心和帮助,如果此时父母接纳孩子的依赖和撒娇,就能在不断积累依赖关系的过程中,使孩子逐

Prat❷ 想要教给孩子的三件事

步形成安全感、培养自信,这也是为孩子自立而做的准备。

给予孩子必要的帮助,直到这些成为孩子自身的力量之前,都需要父母的支持。

教会这件事二：责任
孩子起床是谁的责任？

"孩子早上为什么叫不醒？"相信大部分家庭都存在这个问题。这其实是关于责任的话题，那么，为了孩子早上上学不迟到，按时起床到底是谁的工作？

家长首先要明白，上学是孩子自己的事。为了不迟到必须早起，也是孩子自己的事情。如果孩子得到了家长每天叫自己起床的帮助，自然形成了他不用担心自己"不起床会迟到"的状况。这样，孩子每天上学不迟到就变成了家长的事。结果孩子只会依赖父母，只会阻碍他的自立成长。

当孩子遇到问题，首先要想到孩子天生具备的"能力"。然后教孩子关于"责任"的做法，支持孩子克服困难。也就是说让孩子面对问题，克服困难，接受结果，在他亲身体验的过程中，父母只关注整件事情的发展即可。

孩子有可能会遇到问题，这样的想象只会让我们父母的"爱"转向"担忧"。每当想到这里，父母一定要自问一句："这是谁的事？"如果答案是"孩子的事"，那么此刻的担忧，是即将教会孩子承担责任的信号。

让孩子体验行为产生的自然后果

凡事都有因果。举个例子,孩子每天7点起床,7点半出门是正常操作。忽然有一天,孩子睁开眼睛一看,7点半了。他慌忙赶到学校,已经迟到了,被老师批评,同学嘲笑……有过这种经历的孩子,会开始思考,如何才能不迟到。于是他这样下定了决心:"明天必须7点起床。"第二天,7点起床的孩子可以不慌不忙地到校了。就这样,孩子知道如果改变自己的行为,就会产生不同的结果。

重点在于,孩子对于自己制造的行为,要亲身体验其结果。也就是说,睡懒觉的孩子通过迟到得到的结果是被老师批评,从中深刻体会到不愉快的感受。所以,如果孩子感受不到不开心,他就不会觉得这是个问题。只有让孩子感到这是不好的问题,他才会改变行动,产生更好的结果。在孩子学习承担责任的过程中,培养他对

问题的接纳度和解决问题的习惯,因为感受到苦恼而思考解决问题的能力。在不断积累经验的过程中,他将逐步学会放松心态,遇到问题不会过分恐慌,心情也不会严重低落。

鼓励孩子自立，承担责任

延伸前一页的案例，假如是父母每天需要叫孩子起床的家庭，有一天，孩子因为父母叫得晚而迟到了，结果会怎么样呢？孩子一定会想"都怪妈妈没有早点叫我"。孩子不会想到导致他迟到的因素是自己，而是因为父母没有早点叫他起床，害他迟到了，孩子觉得自己是受害者。

作为受害者，所有的问题都是他人的责任，这种立场看上去似乎很轻松。但是，这样的孩子考虑不到自己的人生是由自己掌握的，总是离不开父母的援助，所以他们常常会有无力感，每天都感受到无形的压力。

父母为了不让孩子感到困难而出手相助，这种行为对于孩子来说，是剥夺了他学会独立做事的重要机会。为了不让孩子成为人生的受害者，父母需要更加勇敢地放手。

Prat ❷ 想要教给孩子的三件事

趁孩子还在父母的翅膀下,让他们通过亲身经历,充分学会承担责任。父母的翅膀任何时候都是安全的,在那里任何伤害和挫折都不可怕。因为无论何时,父母都会支持孩子。

保持平衡的"父性原理"与"母性原理"

让孩子学会爱人,是"母性"的工作。当然,并不是母性等于母亲的工作。父亲也有母性的一面。母性不会区分孩子与自己,将孩子作为自己的一部分十分珍惜。来自这般母性的保护,会培养孩子的自我肯定感。但是,到这一步孩子并没有学会什么是责任。因为母性并不区分孩子的事情和自己的事情,把孩子应该做的事情也当作自己的事情一起做完了。

教会"责任"是"父性"的工作。父性不会过度保护孩子,而是想让孩子体会来自行动的结果。守护着孩子,让孩子面向未来,变得越来越强大。

保持平衡的母性和父性,可以根据不同的情况使用。但是,对于母性很强的妈妈来说,在孩子成长期间需要爸爸介入母子之间,需用父性维持平衡。限制母性的帮助,营造环境让孩子通过自己的力量完成任务,是爸爸的作用。相反,如果爸爸的母性较强,则需

要由妈妈发挥父性的作用。

在育儿过程中，母性用包容和柔情爱护孩子，父性会保持距离让孩子学会该学会的本领，这两方面缺一不可。关键是，每个家庭都需要保持这两方面的平衡。

培养责任感,从"早上,不叫醒起床"开始

培养责任感的第一步,从孩子早上自己起床开始。顺序如下:

1 和孩子定好规则

"为了锻炼你的自立能力,妈妈决定从明天早上开始不叫你起床。"把这样的信息传递给孩子。如果这时候孩子表示不满,可以说"对哦,自己起床会比较困难哦"来表示同情,同时要用坚定的语气直接告诉孩子:"但是你需要自己的事情自己做,我已经决定不叫醒你了。"

2 交谈怎么样进行协助

为了让孩子自己做到,交流怎么样进行协助,比如定好早上叫醒的闹钟。

3 认可孩子自己做到的事情

刚开始的几天要认可孩子能自己起床，用语言告诉孩子"你可以自己起床了呢，真棒"。这样被认可的孩子，会得到信心。具体"做到了"某件事情的自信，与生活的乐趣是分不开的。

4 坚持原则，坚持下去

最初几天自己能起床的孩子，总会有起不来的一天。这时候父母的处理方式十分重要。如果忍不住去叫醒孩子，"嘴上说不叫我，最终还是会叫我起床的"，一旦孩子有这样的想法，培养责任心的任务就会变得比较艰难了。所以，坚持原则最重要！

教会这件事三：从帮助他人中获得愉悦
真正的动力由内而生

有的父母很想用表扬的方式养育孩子，但有时候也担心无尽的表扬会破坏规矩。有的父母总是带着个人情绪批评孩子，显然也不合适。怎样才能巧妙地教育孩子？不少父母有这样的烦恼。在这个问题上，隐藏着几点误解。

首先一个误解是"表扬式管教"，认为被表扬是好事。以表扬为基础动机的父母，会给孩子种下"表扬式动力"的种子。慢慢地，孩子将养成表扬后才行动的习惯。

另外一个误解是"批评式管教"。种下"批评式行动"种子的孩子，只有被批评才开始行动。并不是指孩子自己愿意接受批评，而是被父母播下了被批评后行动的种子之后，已然形成习惯。所以，对于如何批评，并不存在优劣等级。

Prat ② 想要教给孩子的三件事

被表扬或被批评，这些都是来自外在的行为。真正的行动力并不是外在的，而是发自孩子的内心。这个动力的种子是"从帮助他人中获得愉悦"。种下这种动机的种子，孩子将保持健全的动力。

激发孩子动力的种子……

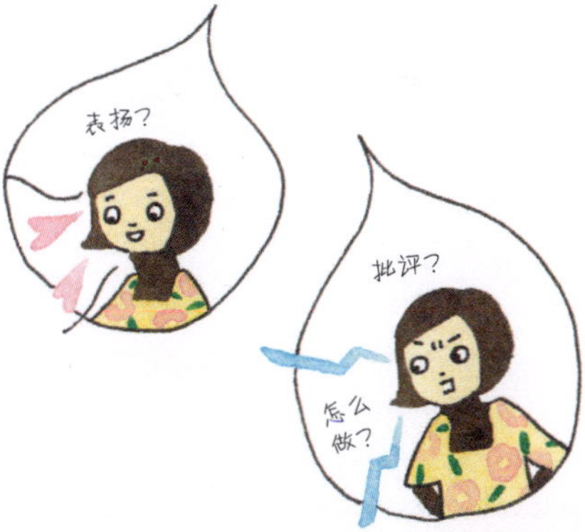

表扬？

批评？

怎么做？

表扬还是批评,让孩子如愿行动?

对于孩子来说,表扬一定不是坏事。但是表扬式育儿,会涉及用表扬的语言赏赐,以这种方式支配孩子行动,也需要讲究方法。当父母说出"乖宝宝"的时候,传递给孩子的信息是"听话就喜欢你"。用表扬的语言让孩子如愿行动,或者孩子为了得到表扬而努力成为乖宝宝,这些都不是孩子积极上进的内因。

那么,为了让孩子行动而批评会怎么样呢?被批评的孩子,可能会为了不受父母批评而行动。

当孩子做出关乎性命的危险行为,或是做出伤人的言行时,当场批评一定是有效的。除此以外的批评,只不过是"惩罚"的意思。

依赖表扬或者批评,无法培养孩子的自我肯定能力。他们在意的是父母的态度,是表扬我还是批评我。孩子如果只在乎这些,将无法学会爱,反而学到了嫉恨。

表扬的正确方法

例如孩子画了一幅画,拿给你看。画面上有小房子、树木和花草,不要脱口而出"你真棒",而是:

1 描述你所看到的。

例 你画了一座房子,还有小树和花,真漂亮。

2 描述你的感受。

例 好想住在你画的小房子里啊,好舒服!

表扬方法小练习

1. 孩子今天规规距距吃饭。

描述你所看到的：
_____

描述你的感受：
_____

2. 孩子今天主动收拾玩具。

描述你所看到的：
_____

描述你的感受：
_____

3. 孩子今天把玩具借给小朋友玩。

描述你所看到的：
_____

描述你的感受：
_____

4. 孩子今天主动练琴。

描述你所看到的：
_____

描述你的感受：
_____

代替惩罚的方法

很多家长担心如果不批评和惩罚孩子，孩子就不会停止不当行为。问题在于，很多时候惩罚并不起作用，反而让孩子没时间思考自己的不当行为，而是对家长充满了怨恨。可以尝试用以下方法代替惩罚。

比如，孩子在家里白色的墙壁上乱涂乱画。

1 表明你的态度和愿望。

> 例 画在墙壁上太脏了，我很生气。我希望以后可以画在画板上或图画本上。

2 让孩子体验错误行为带来的自然后果。

> 例 下午去动物园的活动取消了。现在需要想办法让墙壁恢复如初。

3 告诉孩子如何弥补自己的过失。

> 例 咱们一起去买涂料和刷子，需要把墙壁重新刷一遍。

4 给孩子提供选择。

> 例 你是想画在画板上，还是想画在图画本上？如果觉得地方还不够大，可以在墙上贴一块大画板来画。

5 采取行动，解决问题。

> 例 我把你的画笔收起来了。如果你不知道该画在哪里，就由我暂时保管。

想想看，这一周内孩子的哪些行为让你无法忍受，写出来，并记录你以前的做法，和现在学到的可以代替惩罚的办法。

孩子的行为1

你之前的做法：

代替惩罚的办法：

孩子的行为2

你之前的做法：

代替惩罚的办法：

帮助他人的愉悦创造幸福

让孩子幸福生活是一切教养的最终目的。孩子的幸福感从哪儿来？帮助他人的愉悦创造幸福。

我们也教给孩子"给老人让座""帮助有困难的人"等社会公德。我们本身具备了"想要帮助他人"的心。培养帮助他人的愉悦感，指的是引导孩子将这样的潜质发挥出来。做到这一点，即使不告诉孩子什么是社会公德，他自然也会做到亲切待人。

帮助他人，是不带任何副作用的纯粹动机，是所有教养的基础。

请将前面所介绍的"表扬的种子""批评的种子"等诸多副作用的动机，改换成帮助他人的"源动力种子"，并传播给孩子吧。

作为大人的我们，也常常因为来自家人和朋友及周边他人的笑颜，而充满动力去行动。能帮助他人，是如此开心的事。

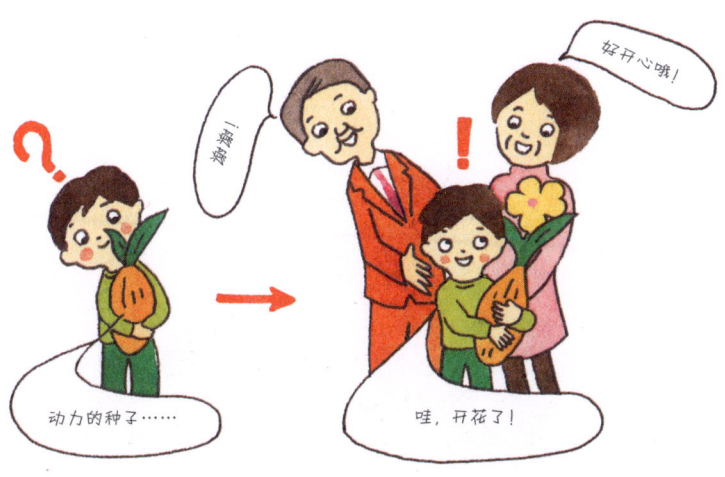

感受到这种喜悦的孩子,将来一定会成为具有良好人际关系,能够享受人生的人。

传递"帮助他人的愉悦"的感激与共鸣

为了教孩子感受"帮助他人的愉悦",首先从帮助父母开始。

帮忙的时候传递谢意

记得当孩子帮忙的时候,不直接表扬孩子。"好厉害呀""真是乖宝宝",不用这种赞美语言,而要告诉孩子你得到帮助时感激的心情。

我们希望孩子做某些事情时,通常用指示或命令的方式。只关注孩子能否认真做好,却很少传递自己的所思所为及情绪。

当孩子发自内心去行动时,告诉他你的感受

当孩子引起共鸣而愿意主动行动的时候,正是孩子感受到父母心情的时候。愿意帮更多的忙,想让人感到高兴的想法,都来自共鸣的力量。

父母与孩子分享自己的心情,是孩子感到兴奋而开心行动的源动力。为此只有心怀感激和共鸣,才能教会孩子更多重要的事情。

根据不同的孩子，不急不躁，不断引导

1. 啊，摔碎了，有没有受伤？
   ……

2. 过了一会儿
   原来孩子的道歉，需要这么长的时间啊？
   对不起……

3. 钢琴练习了吗？
   嗯……
   如果不练习，钢琴弹不好哦！
   那只弹五分钟试试看，我好想听这段时间你弹过的曲子呢！
   嗯……
   嗯！

4. 怎么还不愿意主动练习啊……看来只能不断地引导她了！

Part 3
让孩子幸福的教养

本章重点内容介绍

在此大家一起思考关于"教养"的问题。在育儿过程中,如果你感到迷惘,请问问自己的内心,你是想让孩子拥有什么样的人生,成为什么样的人。只有父母具备明确的目标,才能始终如一地对待孩子。

- 💚 具有教养的孩子,拥有幸福生活的日常习惯和社会礼节。
- 💚 从父母开始以身作则,明确规定教养的标准。
- 💚 当孩子不遵守规定的时候,不是批评,而是让孩子体验后果。
- 💚 当孩子如你所愿行动时,父母用具体的语言向孩子表达谢意及喜悦感。

你是否被"理想型孩子观"所束缚?

"本想管教管教他的……"虐待孩子的父母,用这样的台词进行辩解,是因为他们误以为"批评形成教养"。

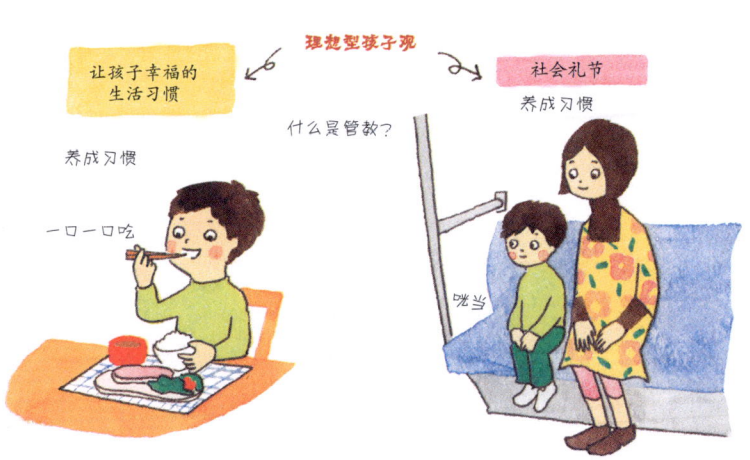

父母管教孩子的初心是为了"培养孩子的自立能力，让孩子有幸福生活的能力"，因此先教孩子基本的生活习惯和社会礼节，是"管教"的开始。

在管教孩子之前，父母应明确"什么是让孩子幸福的生活习惯和社会礼节"。大部分情况下，父母只是一味地举着"理想型孩子观"的旗帜，以此标准要求孩子。孩子早上自己起床，迅速换衣服、洗漱、吃饭、上学、认真学习、性格开朗、和同学友好相处……这是大多数父母的"理想型孩子观"。如果孩子不按规范行事，父母就拿"教养"大发雷霆，开始数落孩子。

但是话说回来，你的"理想型孩子观"真的符合教养标准吗？不妨从让孩子幸福的角度出发，再谈具体的教养规则如何？

重置你的发怒开关

在教训孩子的时候,我们往往在无意识中启动了发怒开关。为了养成让孩子幸福的习惯,首先从关闭发怒开关开始吧。

还没吃完?

步骤 1　取消对孩子的指示、命令、怨言

"快点起来!" ➡ "早上好!" "天气很好哦!"

"快点吃!" ➡ "好吃吗?"

"干什么?不要拖拖拉拉,赶紧走!" ➡ "路上小心哦!"

如果觉得刚开始比较难,面带微笑只是注视孩子也可以。

教训孩子之前先降火

不触碰怒气的方法1
对着墙壁把自己当前的状态吼出来。大声吼一会儿,就可以冷静下来,不用冲孩子发怒。

不触碰怒气的方法2
暂时远离孩子三分钟。去其他房间,或阳台、洗手间等处,让自己平静下来。

 **和孩子对话,告诉孩子哪里出了问题**

等心情平复之后,试着与孩子沟通哪里出了问题。

明确家庭生活框架

形成能让孩子幸福的生活习惯，基本包括能维持良好的人际关系，能保持身体的良好状态，心情愉悦，积极向上等，能让自己的生活充裕而安定。

养成能让孩子幸福的生活习惯，父母潜移默化的影响至关重要。首先，父母需清楚地展示自己的"生活框架"，想一想，自己想要什么样的生活。一旦父母具备了清晰的生活方式和价值观，就不会被当天的心情或社会舆论所左右，同时也能思考孩子的将来。

一旦家庭具备了清晰的生活框架，父母一定要以身作则，率先执行，如早睡早起，认真吃早餐，注意锻炼身体，每天有看书的时间等。其中的细节一定要交给孩子自己执行，这也是关键的一点。一定程度的自由决定权，能让孩子体验自己的言行，从中学习、培养责任感。

从下一页开始，将具体介绍有关"让孩子自立而幸福生活的基

Prat③ 让孩子幸福的教养

本生活习惯和社会公德",同时和大家一起思考如何将这些传递给孩子。

父母不同的价值观,将形成不同的生活框架,建议每个家庭成员先进行协商,形成适合自己家庭的生活框架。

规定重点生活习惯

1. 早睡早起

问问那些早上起不来的孩子，他们的睡觉时间，多数都是跟着父母一起熬到深夜。如果想让孩子早睡早起，那自己首先要遵守约定。比如根据孩子的起床时间和睡觉时间，规定好全家的作息时间。睡眠充足的孩子早上将愉快地醒来，不用叫醒也容易自然醒来，自己洗漱完毕，一天都会精力充沛。

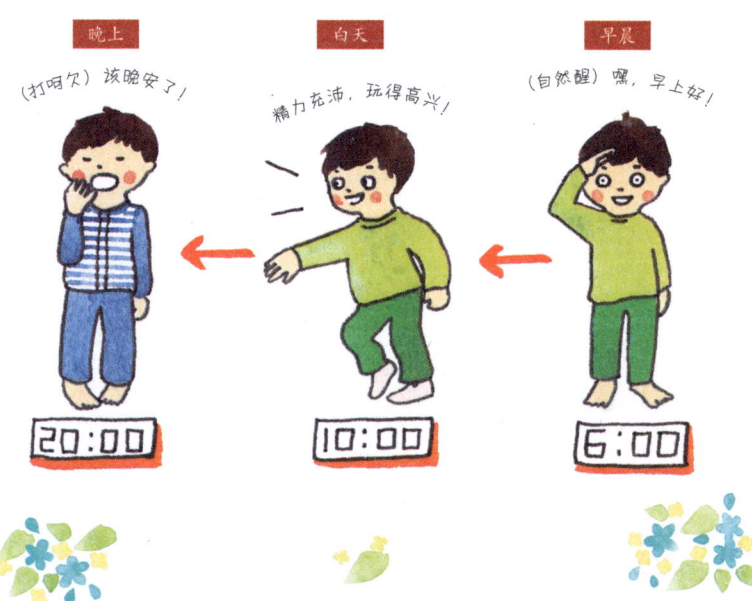

2. 有规律地进餐

有不少家庭没有吃早餐的习惯，或者一家人没有围坐在一起吃早餐，总是没给孩子准备早餐就匆忙送去学校。早餐对于孩子的身体发育至关重要，而与家人围坐在一起共同进餐、交流，也是让生活充满仪式感的一部分。

希望大家重视有规律地进餐对于身体的重要性，以及养成一家人围坐在一起进餐的基本生活习惯。

3. 个人清洁卫生及整理身边的东西

教导孩子讲究个人卫生，自己的物品自己整理及保管，做力所能及的事。

有的父母觉得自己能把所有的事都做好，没有孩子的参与反而会又快又好。要是有这样的观点，你就剥夺了让孩子从小学会合作和树立责任感的机会。让孩子做力所能及的事情越早开始越好，工作可以锻炼他们的能力，让他们觉得自己有用，对家里做出了贡献，从而获得满足感、愉悦感，这才是最重要的。

4. 自己和他人的区别

教会孩子什么是自己和他人,自己的物品与他人物品的区别。培养孩子在食用他人购买的食物,或使用他人的物品时,哪怕仅仅是一枚邮票,也必须征求他人同意的习惯。

这样会使孩子养成负责自己的领地,而不随意侵犯他人领地的习惯,在待人接物时怀有敬意去对待。

5. 言语教养

孩子的用语几乎都来自父母。如果父母对孩子使用谦和的语气,如"请你帮我一个忙""太感谢了",孩子就会学到这样的语气。

教养也相同。打招呼、摆好鞋子、饭前洗手,这些都要从父母开始做榜样。有了榜样的作用,后面只要提醒,孩子自然就学会了。并不是命令孩子"你这样做",他就会长成父母期望的样子,而是父母的所作所为要成为孩子的典范。

6. 给予选择的自由

让孩子知道既然是自己的选择,就要自己承担选择的后果。例如,非常寒冷的天气,孩子要穿单薄的衣服出门。如果你习惯提醒他"今天要多穿一件",不如这次让孩子选择:"这么冷的天,你是否换一件衣服出门呢?"或者是"这样子出门会挨冻,怎么做更合适?"如果孩子这次体验过寒冷的厉害,下次他会自己留意天气了。

试起草"家庭守则"

体现父母价值观的框架,也可以用"守则"的形式呈现。众人在一起玩游戏,必须先制订规则。比如足球比赛不允许用手碰球,不遵守规则的人无法参与游戏。生活也是同样的。能够遵守规则共同生活的人,才能与家人一起共度快乐时光。

开一个家庭会议,在家庭生活框架中加入规则,如"零食到下午四点截止""客厅不乱放自己的物品"等。"零食到下午四点截止"是为了在空腹状态下好好吃晚餐。"客厅不乱放自己的物品",是为了与其他人舒心生活。

但是如果没有提前经过孩子同意,就强制实施规则,或在违规的时候处罚孩子,不是明智之举。从婴儿期开始持续接受父母生活规则或框架的孩子,不用制订硬性规则,他们会自然接受"那样的事",将沿着规则生活下去。

Prat ③ 让孩子幸福的教养

如果孩子不遵守规则,如下一页所示,应让孩子体验后果,并承担责任。

体验不遵守规则导致的后果

早晨到了起床时间不起来，说规则也不听……

生活习惯的框架和规则已经清晰了,接下来该如何维持,就是父母需要努力坚持的事情了。如果孩子超出规则范围,或者不遵守规则,就给孩子体验因此而带来的结果。

1 早上到时间也不起床

大声吵醒或埋怨都只能起到反作用。如果睡过头没时间吃早餐,就让孩子体验一次饿肚子的结果。最重要的是让饿得难受的孩子,下次自己选择"按时起来吃早餐,安心过一天"。

2 不会保管随身携带的物品,丢失或遗忘

任何人都会丢三落四,如果家长总是及时提供帮助,或对孩子的健忘表现出过多关注,反而促使他们把丢三落四转化为一种常态。停止替孩子送他遗忘的东西,或临时买代替品给孩子。当孩子对自己的行为感到难受或麻烦时,他将逐渐学会认真保管自己的物品。

3 非要买计划以外的东西

购物之前先制订好物品清单,如果是计划之外的不必要物品,孩子在商店耍赖非要买,父母的第一次处理方式十分重要。在公众场所对孩子大吼大叫、打他们或是管教他们都是对他们的不尊重,会让他们觉得丢脸。不必生气或者劝慰孩子,而是温柔而坚定地告诉他"不买哦",接着往前走。重点是让孩子体会自己的言行(耍赖,哭泣)不起作用。

4 约定的事情不执行,做事拖拉

"全家一起去游泳,你负责收拾自己的东西哦",把家务交代给孩子,孩子却没有做,这时候父母觉得"真是没办法",然后自己去收拾。如果是这样,孩子无法体会自己言行导致的后果。同时,孩子将打破约定习以为常。如果不遵守约定,或者不带孩子去游泳,或者相关人员聚在一起再次协商游泳之行。就是这样让孩子体验自己言行的后果。

对于没有收拾的孩子,不要替他做什么,也别总是提醒他。如果时间允许,给他一次选择的机会,比如问:"你是现在做还是五分钟之后做?"当孩子却说"等等"时,明确告诉他:"这不在选择范围内,做好了叫我检查!"然后等待孩子行动。父母一定要说到做到,坚持到底。

不宠溺孩子

有些父母在育儿过程中并没有清晰的框架。他们很爱自己的孩子，不忍心过早地把孩子推出巢外，贴心地替孩子把一切都包办了，他们认为这是表达对孩子的爱的最好办法。但他们不知道，溺爱会造成孩子的依赖和无助，会让孩子产生"爱就是让别人帮助我，为我服务"的想法，而一旦成为习惯，孩子就丧失了自尊与自信。

  还从早上起床说起,如果以前你习惯叫孩子起床,那么从明天开始,可以这样说:"早上你不能自己起床,我想主要原因是爸爸妈妈以为你不能自己起床。我们没有相信你的能力,对这一点感到非常抱歉。从现在起,希望你自己努力做到,我们也协助你。"然后与孩子一项一项沟通框架和规则,定下规则之后开始执行。

  如果孩子破坏规则,顺其自然地让孩子体验其行为的后果。

  当孩子身上发生自己不愿意看到的事情,却不伸出援手,有些

父母会坐立不安。其实这属于宠溺。花些时间教孩子必需的生活技能，让他在此基础上树立自信。

　　对孩子过分溺爱的父母，时常给孩子带来过度的干涉，会影响孩子的性格养成。大家千万要记住，孩子并不想要过度的期待或干涉，只是希望来自父母无条件的爱。不必对他感到抱歉，他能感受到你的态度，同样能感受到你对他的信任所带来的力量。

越说"不行"越不行

等框架和规则制订好,接下来要做的是如何解决困扰,使好习惯保持下去。当孩子不遵守约定,不遵守游戏时间,父母就会对孩子抱怨"要说多少遍你才明白"。但抱怨能让孩子有干劲吗?相反的,孩子只会感到挫败。

Prat ❸　让孩子幸福的教养

如果继续反复唠叨孩子，会怎么样呢？结果可分为三大类。

1 压抑自己的情绪，按父母意愿执行

可以成为父母喜欢的孩子，却是用牺牲"发现自己"的机会换来的，这样只会让孩子失去自我，长大后可能会成为一个唯唯诺诺的人。

2 与父母唱反调，把碎碎念当耳旁风

父母说来说去还是没效果，反而丧失父母的威信，也不期望双方得到有效沟通，亲子关系并不融洽。

3 用父母言语完全相反的行为表示反抗

这样一来，父母越说"不行"的事情越要做，就是让双方都头疼的"叛逆期"。

这时候该怎么办？你越是把自己的意愿强加到孩子身上，他就会越反抗你，你们俩就会越受挫，然后矛盾越大，冲突越多，这是一个无限反复的过程。

怎么做，孩子才愿听？

为了制止孩子的行为，说了一遍又一遍，效果皆为零，想必大家都有这样的体会。那么，怎么做孩子才愿意听呢？

第一，为自己的言行体验后果的方法（参考第74页）。

第二，不要发牢骚，把你希望孩子做的事情用感激或共情的语言告诉孩子，达到强化执行的效果。不是责备孩子"没在做"，而

Prat ❸ 让孩子幸福的教养

是对他"已经做"的事情表示"谢谢你""帮了我大忙"等，描述你的感受。具体方法如下：

1 描述你希望孩子做到的行为

比如，"××让你玩他的玩具，你要表达谢意。"父母要了解这些言行是"引导孩子走向幸福"的路径，并不是给父母带来便利，符合父母要求的规定。

2 提示，等候孩子执行其言行

提示孩子"××在等着呢，你应该怎么说"，一边观察一边等候，就能捕捉到其转变的瞬间。

3 说出你的感受

"我不喜欢饭做好了没人来吃！""我的话还没说完就被打断，让我很不开心！"把当时的感受用具体的语言传递给孩子。

转变孩子的魔法语言

育儿烦恼

想要孩子改变其言行,提醒多次都无效……

Prat ❸   让孩子幸福的教养

有时候，只因父母一句感激和共情的言语，只讲一遍孩子就会如愿执行。在父母表达"我的感受"中，有魔法般的力量。现在给大家介绍实际案例。

1 健太君的衬衫

健太君总是不把衬衫塞进裤子，妈妈提醒多次都无效，于是放弃唠叨，选择等待。有一天妈妈去接孩子，看到了衬衫塞进裤子的健太君。妈妈当场告诉孩子："穿好衬衫的健太君的样子真棒，妈妈好开心。"从此以后，健太君的衬衫一直穿得好好的。

2 捣蛋鬼儿子的大变身

朋友家有个四岁的儿子，自从妹妹出生以后，不喜欢妈妈总是围着妹妹忙碌。妹妹还不到一岁，儿子经常欺负她。妈妈跟他说了好几次"不要这样哦"也不管用，严厉批评他也不听。

　　有一天，妈妈带哥哥和妹妹洗澡，先让哥哥洗完出去，接着妈妈把妹妹带出来，对哥哥说："如果你能帮忙照看一会儿妹妹，会帮我大忙呢！"稍候妈妈出来一看，哥哥正在帮妹妹擦干身体，扶住妹妹站稳。妈妈立刻把哥哥抱到膝盖上，望着他的眼睛告诉他："谢谢你照顾妹妹，妈妈好开心哦！"从此以后，哥哥悬着的心放下了，也能亲切地对待妹妹。

　　从以上例子可以看出，惩罚并不起作用，反而影响了孩子对自己行为的反思。那该用什么办法代替惩罚？以上妈妈的做法值得借鉴，请孩子帮忙，表明你的期望。当孩子如愿行动之后，及时将父母的喜悦和感激的语言说给孩子听，积极营造温馨的亲子氛围。

Prat❸ 让孩子幸福的教养

解决 POINT

试试看!

用具体语言传递父母的想法,能促进孩子如愿合作。

Part 4
连结心灵的倾听方法、沟通技术

本章重点内容介绍

当父母与孩子能够有效沟通的时候,孩子的生长力更加旺盛。亲子沟通是建立在平等友爱、相互尊重的基础上的。学会倾听,是建立有效沟通的第一步;掌握沟通技术,可以让孩子更快地成长。

- ♥ 父母体谅孩子的情感,支持孩子解决问题。如果认真倾听,孩子能够自己找出更好的办法。
- ♥ 父母的心情通过"我的感受"传递给孩子。当孩子了解父母的心情,明白为什么要那样做的时候,孩子的言行自然会改变。

一切由倾听开始

说话具有净化心灵的作用。谁都有过这样的经历,当心情沉重的时候,只要有人听你说话,心情就会轻松许多。

孩子每天在幼儿园或学校,会经历各种各样的事,他们会将开心或难过的情绪统统带回家。"今天 XX 说……"当孩子这样开口的时候,不要插话,让孩子尽情说出自己想说的话题吧。他们通过表达感受的方式,去整理情绪和检查自己。

Prat ④ 连结心灵的倾听方法、沟通技术

父母越是用心倾听孩子说话，孩子越有被"肯定"的感受。父母通过倾听，也能了解孩子每天的状态。

"用心倾听"说起来简单，做起来却难。试问在日常生活中，我们有多少人是能够静下心来听孩子说话的呢？大人们各自有自己的想法，被自己的价值观左右，喜欢用自己的思路随意解释孩子的语言。

对于那些总被自己的价值观所干扰，听不进对方言语的耳朵，请先检查一下自己的"细听"吧。

你的"细听"检查

平时我们是否被自己的价值观所干扰,并没有听进去对方的言语,让我们检查自己的"细听"程度。

有一天,七岁的孩子对你说"不想学钢琴"。孩子当初学钢琴是与家人商量的结果,并且你已经分期付款买了钢琴。第一次、第二次的课程比较顺利,孩子也开心地表示"好喜欢钢琴"。但第三次课程后,孩子说"不想学钢琴,再也不想学了"。

1. 那一刻,你对孩子说了什么?请在本子上记录那一刻的台词。
2. 想象一下听到1的言语的孩子,如果你被父母这样说,作为孩子是什么样的感受,把那种心情写下来。
3. 再想象父母的心情。如果你想让孩子继续学钢琴。2中孩子会是什么样的心情,她还打算继续学吗?

你的台词属于什么类型？

让我们通过以下"细听"检查，观察各类父母和孩子的反应。

	1. 父母的台词	2. 孩子的反应
质问型	怎么回事？为什么？	为什么，这个嘛……（借口）
压迫型	要学的可是你，钢琴怎么办？	够了，下次再也不说了！（愤怒）
责难型	啊！你说什么？	早知道不说了……
否定型	你总是这样，所以我说过了吧！	……（用沉默抵抗）
放任型	没关系，再坚持一段时间试试，还不喜欢你可以随时放弃！	……不是没关系啊，是现在就不想学。说了也白说……
同情型	好可怜啊，你是不是遇到什么事情了！	啊……我会遇到什么事情？
教条型	什么都不能坚持，你今后的人生麻烦大了。学习这件事情吧……	……烦死了，又来了！（不听）
肯定型	好啊，可以不学！	随便怎么样都可以喽！
强制型	不行，这次继续！	……
分析型	是发生什么事情了吗？老师说你什么了吗？	不是的……（没明白啊）

父母是带着"不论怎么样，也让他继续下去"的"细听"去听孩子的话语。但大部分情况下，孩子的意志都是往"不要学钢琴"的方向发展。父母怎么做才能放弃"细听"的耳朵，听见孩子的心声，让孩子作出肯定的反应？这部分将在"倾听技术"中介绍给大家。

倾听技术 1
首先要保持沉默,全神贯注地倾听

想像一下,当我们在伤心难过的时候,最需要的是什么?是有人与你共情,听你诉说,而不是给你建议、讲道理或做心理分析。同样,孩子也是如此。如97页的"细听"检查,如果孩子告诉你"不要学钢琴,不想去",有多少父母是先保持沉默,倾听孩子的心声呢?本应该是在听孩子说话,不知何时就变成了父母的质问,开始说教,长篇大论的结尾是"今天谈得不错"等,陷入自我满足中……这都是常有的状况吧。

话说回来,父母为什么喜欢这样说话呢?因为我们大多数父母就是在这种被否定感受的情境中长大的,我们的第一反应就是容易提出建议、表达观点,也是因为我们坚信自己比孩子懂得多。我们的确比孩子年纪大点而已,但是,对于孩子从此走下去的人生,你无法保证自己比孩子更了解。

父母该做的是,与孩子一起探讨他的回答对他自己是否合适,

支援孩子，使他能够自己找出解决问题的方法。

　　首先，在孩子说话时，父母要留意自己是否妨碍孩子发言，切忌话锋一转变成父母在说话。有了这样的意识，下一步就是保持沉默。沉默会给我们留出思考的时间，能够倾听孩子的心声。不论如何，我们要把说话的机会留给孩子，不讲道理，不提建议，全神贯注地倾听即可。

倾听技术 2
用"哦……""这样啊……"回应，并重复孩子的话

在第97页"细听"检查中，当孩子说"不要学钢琴，不想去"的时候，父母首先要做的是保持沉默，努力压制想要质问的心情。一旦父母问"怎么回事？"，孩子的第一感觉是要被骂了，

于是要么不说话，要么开始找借口想要说服父母。这样的方式，无法了解孩子的本意。

在倾听孩子言语的过程中，很重要的一点是，接纳孩子的感受，理解孩子为什么要说出那样的话。为此，父母先保持沉默，状态调整到"想理解孩子"，然后用"哦……"或"这样啊……"回应孩子，重复说出孩子的话。

如孩子说"不想学钢琴，不想去"，父母在沉默一口气之后，温和地重复孩子的话："哦，不想学钢琴吗？不想再去了？"，与孩子产生共情，接下来静等孩子说下一句。

当父母复述孩子的话，孩子会觉得父母准备听自己说话了，如果父母静等，孩子就会愿意说出自己的真心话："嗯，是因为……"

这就是"倾听"的第一步。通过复述孩子的话语，营造交谈的环境，就能顺利进行下一步，积极帮助孩子解决问题，找到解决问题的方法。

倾听技术 3
引导孩子提出解决方案的倾听方法

第 97 页的"细听"检查中，孩子说出"不要学钢琴，不想去"参考案例，给大家介绍亲子共同思索解决方案的倾听步骤。

- "不要学钢琴，不想去！"
- （沉默）……
- "不想学钢琴，不想去嘛！"
- （沉默）……
- 嗯，是因为美香说我弹得很差！
- 哦，原来是这样。所以你很伤心吧！ ❶
- 太过分了，所以，我不要弹钢琴了！
- 受委屈了吧。怎么办呢，和妈妈一起想想办法好不好？ ❷
- 想什么？我已经不喜欢了。
- 钢琴也不喜欢吗？
- ……不是，不是不喜欢钢琴……
- 是吗，那你打算怎么做？ ❸
- 只要美香不再捉弄我，我也喜欢课程，就想继续学钢琴。

引导解决方案的倾听方法（重点）

❶ 理解孩子的心情，让孩子意识到自己的感受被接纳。

例 "所以让你很生气，对吗？""一定让你非常难受吧？"

❷ 建议一起想办法，确认孩子是否愿意一起讨论。

例 "要不要和妈妈一起想办法？""该怎么做，要不要和爸爸一起开一个作战大会？"

❸ 确认孩子的意图，验证讨论方向。

例 "你想怎么做？""你认为怎么做最合适？"

- 是吗，那怎么样才能继续学钢琴呢？
- 嗯……想去别的钢琴教室！
- 是哦，那也可以。还有没有别的办法？ ❹
- 美香去别的教室也可以！
- 是哦，如果她愿意，也是不错的办法，还有别的吗？
- 别的？美香说的话不要在意也可以，很多人不喜欢美香，因为她总喜欢捉弄人。
- 哦，是吗？还有没有其他办法，为了继续学你喜欢的钢琴？
- 别的已经想不出来了。
- 是吗？你已经想出了很多办法，打算用哪一个？ ❺
- 嗯……我决定不理会美香的话了。 ❻
- 哦，可以做到吗？
- 嗯，试试看！
- 好，妈妈支持你的做法，先试试看。谢谢你告诉我这些，后面有什么情况再说给我听哦！ ❼
- 好，知道了。

❹ 寻找解决问题的方法。这时候，先不管可不可行，总之一起想各种解决方法（哪怕再无聊），不管孩子提出什么样的办法，都不否定。

例 "一起想想能做什么？" "还有哪种方法呢，还有别的吗？"

❺ 几个办法之中，让孩子选择其中一个。

例 "这几个之中，最好的是哪一个呢？"

❻ 一起讨论如果按照孩子选择的办法去做，会发生什么样的事情，一起确认这个办法对谁都是最好的选择。

例 "如果那么做，你认为会怎么样？"

❼ 证实孩子要执行的心情，赋予孩子力量，告诉孩子父母在一旁支持他。

例 "就那样试试看吧，回头再说给妈妈听哦！"

倾听技术4
体谅孩子的心情

在102页和104页的对话中,孩子说"不要学钢琴,不想去"之后,听到"是因为美香说我弹得很差"的父母回应了"原来是这样。所以你很伤心吧"。

当父母用适当的语言把孩子的心情说出来,孩子能认识到自己"很伤心了"。只要父母体谅孩子的心情,孩子就能感到自己被父母理解了。于是,孩子的心态得到放松,能冷静察觉自己的情绪和所处的状况。在96页说出"不要学钢琴,不想去。"的孩子,得到了父母的体谅,最终发现自己并不是真的不想学钢琴。

孩子本想"变得更好","不想学"的语言中隐藏了"本来并没打算放弃""还想学"等心情。

孩子解决问题，并不需要父母的意见。孩子需要的，只是听他说话的人。父母体谅孩子的心情，当一个支持孩子解决问题的听众，就能引导孩子想出更好的解决方法。

倾听技术练习

孩子说	妈妈理解孩子感受的一句话
1. 今天作业太多了,我永远也写不完!	哦,作业这么多,这让你很头疼吧!
2. 今天我迟到了,老师当着全班同学的面批评我!	
3. 最讨厌美香了,她总说我坏话!	
4. 我最喜欢的老师调到别的班了!	

Prat ❹ 连结心灵的倾听方法、沟通技术

孩子说	妈妈理解孩子感受的一句话
5. 我不想去踢球了,我觉得就我踢得差。	
6. 我养的小金鱼今天早上发现有两条死了,呜呜呜……	
7. 今天在学校,有人偷了我的新书。	
8. 我不想去上学了,同桌今天又欺负我。	

倾听技术 5
用态度表达愿意理解孩子的心情

相比用语言表达,表情和态度更能影响对方。当你要说"很喜欢你哦"的时候,如果躲避对方的视线,用很低沉的声音说出来,对方一定会想"明明不是真心"。听孩子说话的时候也同样,要呈现"我正在听哦"的态度,孩子能感受到自己被重视,父母正在认真听自己说话。

Prat ❹ 连结心灵的倾听方法、沟通技术

1 视线

有时候父母因为忙碌，不是面对面听孩子诉说，只是用声音回应孩子。如果不是特别重要的内容，问题不大。一旦从孩子的状态中感受到"想让你认真听我说话"，一定要转过身去与孩子对视。

2 表情

如果父母在倾听的过程中表情僵硬，孩子会认为"是不是不想听我说"？父母要注意露出温和倾听的表情。

3 姿态，手势

父母在倾听的过程中不要双手抱胸前或跷腿。如果是小宝贝，将孩子抱到腿上倾听。

4 语调

如果在说"好开心哦"，那就要用开心的语气说；说"很伤心吧"，就要变为同情的语气。

接纳孩子的感受

在106页写到体谅（理解）的意思是，父母接纳了孩子所感受到的情绪，将它变成语言反馈给孩子。但有的时候，父母认为孩子的有些情绪难以接受。你们是否遇到过这样的情况，或者自己亲身体会过？

如孩子摔跤擦伤了脚，正在哭泣，这时候父母告诉孩子"不疼，不疼，坚强的孩子是不哭的哦"。

这里存在很大的问题。痛就是痛，不接受孩子的痛，没感觉到疼痛的父母说出"不疼"，没有任何的说服力。

或者对于情绪低落的孩子说"别为那些事丧气，打起精神来"，结果会怎么样？即使孩子知道这是父母在给自己打气，但仍然感到无助。

父母在希望孩子幸福之余，认为孩子承受悲伤、苦恼、难过

和疼痛是十分痛苦的。但是大家要明白,接纳孩子的情绪,对于孩子正确认识自己的情感非常重要。

与其假装不存在疼痛或悲伤,不如承认这种情绪并且与孩子共情,包容孩子的感受。当孩子认识到自己的情绪,将会尝试解决问题。

坦诚告诉孩子父母的感受

与孩子相处过程中，还有一种状况，即孩子自己感觉不到异常，却给父母造成问题的时候，例如孩子在旁边大声说话，父母听不清电话里的声音，感到很为难。如果是你，你会怎么解决呢？

这时，孩子有必要知道，是自己的言行给他人带来了麻烦。给对方造成负面影响的时候，让孩子学会检讨自己的言行。这就是与人共处的问题。积累了许多类似经验的孩子，将具备照顾他人的素养。

"好吵啊，先到那边玩去"，如果你这样说，无意间就开启了发怒的开关，首要做的就是把开关关闭（参考62页），明确告诉孩子你遇到的麻烦，让孩子帮忙解决。

"想和妈妈说话是吗？不过现在你的声音让我没办法接电话，有着急的事情要处理，好为难呢！等我先接完电话和你说话好吗？拜托现在安静一下哦"，这样郑重地拜托孩子。

当父母告诉孩子，因为他的言行给他人造成困扰的时候，孩子将尝试改变自己的言行。

沟通技术1
将沟通的主语由"你"换为"我"

"看看现在几点了?说好的时间又忘记了!"对晚回家的孩子,你是否有过这样的对话?这句台词的主语被省略了。原本应该是"(你)看看现在几点了?"

我们经常使用主语为"你"的信息。而这样的语言,对于被说的一方看来是一种责备,内心激起反抗的同时也会充耳不闻。家长用这样的方式,无法起到改变孩子言行的作用。

那么改变一下说法怎么样呢?"我一直在担心,也不知道你在哪里,担心发生了什么事情。"这是传递父母心情的"我的感受"。总之,要说出"我(父母)"的心情,告诉孩子担心的理由。这样一来,孩子把这件事作为对方的事情,可以冷静地倾听,从"我好担心""我好为难"等言语中,感受到自己一定要帮助父母,体谅父母。

Prat ④ 连结心灵的倾听方法、沟通技术

"我的感受"之后,补充一句"按约定回来哦",告诉孩子具体需要怎么做。表达了父母的心情的同时,孩子明白了自己为什么要那么做,孩子的言行自然会改变。

沟通技术 2
客观地描述事实

　　我们和孩子沟通的时候,首先要明白父母和孩子的需求不在同一频道上。举例来说,对于孩子的行为是否符合行为规范,家长是想要孩子保持外表整洁、有礼貌、讲秩序、做好个人卫生;但是对于孩子来说,他们不会在意衣服是不是干净,房间是不是凌乱,路上见人就要叫"爷爷好""阿姨早"。如果非要让孩子按照家长的要求来规范行为,要求孩子"你必须要做什么",孩子的态度自然就是"我想干吗就干吗",于是矛盾一触即发。

　　我们可以回想一下,有哪些事情是我们必须要让孩子做的,哪些事情是必须不能做的,想象一下如果自己是孩子,听到父母对自己这样说话,会是什么样的感受?在120—121页的练习中试着写下来。

Prat ❹ 连结心灵的倾听方法、沟通技术

　　那么,你有什么感受,就能知道孩子会有什么感受了。有什么办法可以代替上面的说法,不伤害他的自尊心,让孩子没有逆反心理,而且又能不激起双方矛盾,让孩子乐意沟通和合作呢?

　　技巧就是,客观地描述你所看到的问题,其实就已经告诉了孩子如何去做。用描述性的语气,就可以避免双方冲突。

　　例如,同样的场景,换一种说法试试,孩子听到会有什么反应呢? 自己回家可以实验一下哦! 填写下页的小练习。

1. 看你屋里乱七八糟的,就是不知道干净!

　　你听到后的感受是:
　　_____
　　_____

　　客观地描述事实:我看到某人的屋里乱得像鸟窝哦!

　　孩子听到的反应是:
　　_____
　　_____

2. 天天玩游戏,就是不知道看看书!

　　你听到后的感受是:
　　_____
　　_____

　　客观地描述事实:我刚给你买的那本书好看吗?

　　孩子听到的反应是:
　　_____
　　_____

3. 你看看人家,这次又考第一名!你才考多少分?

你听到后的感受是:
_____
_____

客观地描述事实:这次考试不理想吧,是不是很难过?

孩子听到的反应是:
_____
_____

4. 看看你,又不带作业就走!每次出门都这样,就是不长记性!

你听到后的感受是:
_____
_____

客观地描述事实:你的作业?赶紧带上!

孩子听到的反应是:
_____
_____

沟通技术3
告别长篇大论,用简短的词语表达

当家长看到孩子不按自己的规定来做,很容易从温文尔雅瞬间变得怒气冲天,于是一顿训斥在所难免。但是一定要牢记,如果想要孩子合作,一味地训斥和说教并不能解决问题,下次他还会如此,而你厌恶的态度、轻视的语调则会让他记忆深刻,有一天,他可能会用同样的话来反击你。

所以,如果你想让他做某件事,最好不要长篇大论地训斥或唠叨,而要语气坚定,简短有力,如"洗澡时间到!""该睡觉了!""三分钟后出发!"

如果孩子没有合作,不要再次回到以前,多尝试几次,在后面,我们会再讨论更多的练习技巧。

如果学会了这个沟通技巧,会让亲子之间的矛盾大大减少,能让以后的家庭生活更轻松愉快。

Prat ❹ 连结心灵的倾听方法、沟通技术

回想在家里哪些场景可以用到以上技巧,不妨记下来,多加练习。

1 孩子起床磨磨蹭蹭

以前的说话方式:
_____
_____

用简短的词语表达:
_____
_____

2 孩子不做作业,玩游戏

以前的说话方式:
_____
_____

用简短的词语表达:
_____
_____

3 孩子不爱洗澡

以前的说话方式:

用简短的词语表达:

4 孩子玩完玩具不收拾

以前的说话方式:

用简短的词语表达:

沟通技术 4
学会写便条

用写便条代替大声嚷嚷，无疑是让孩子容易接受的一种沟通方式。如果孩子还小不认识字也没关系，可以画简单的插画，写上简短的词语他会很开心。大一点的孩子，收到便条也会让他们很开心，因为父母愿意花时间给自己提示和安排，就像被当作朋友对待一样。

孩子也可以写便条回复父母，这样省时、快捷，还能保存，最重要的是，可以避免大声嚷嚷了。

可以在家里准备一些漂亮的便签本，需要的时候就和孩子开始便条沟通之旅吧！

哪些情况下可以写便条呢？

亲爱的小贺：

　　今天有朋友要来，你的房间需要打扫了哦！
　1. 书桌
　2. 床
　3. 书架
　最后，记得倒垃圾哦！

　　　　　　　　爱你的 妈妈

亲爱的小雨：

　　爸爸今天上班很累，需要早点休息，希望晚上9:00之后进入静默世界！

　　　　　　　　辛苦的爸爸

西西：

　　我很生气！！！家里的沙发上为什么全是颜料？请告诉我原因！

　　　　　　　　刺猬妈妈

小航同学：

　　明天要去姥姥家，我们只带做完作业的同学前往，请做好准备！

　　　　　　　　爱你的爸爸妈妈

Prat ④ 连结心灵的倾听方法、沟通技术

需要注意的是，并不是所有的孩子见了便条就会乖乖听话，对父母言听计从。我们需要了解的是，我们教育孩子的目的不是培养听话的机器人，而是想找到一种语言，能维护孩子的自尊；想建立一种和谐的氛围，鼓励孩子与我们合作；想树立一个榜样，和孩子平等相处和沟通。我们的目的在于培养孩子的主动性、进取心、责任心、同理心，以及与人合作的能力，这才是最重要的。

所以，父母的每一次努力，都是为了孩子以后幸福地成长。

尝试着给孩子写一张便条吧！

亲爱的　　　　：

_____

_____

_____

_____

_____

如何培养有主见的孩子

经常听说日本人缺乏主见。日语是可以省略"我"或"你"等主语的语言,从这种省略引发的含糊性,默认为是日本人谦虚的体现。然而,我们的孩子生长在这样的时代,既要学习日本人的谦虚,更要学会堂堂正正地表达自己的想法,我们要教孩子分辨这些区别。

如果你想要培养孩子在公开场合勇于大胆表达自己的意见，作为父母的你，首先要经常对孩子堂堂正正地以"我……"来表述自己的想法、自己的感受。"我的感受"中包含着"交际的责任自己负责"的重要意义。

例如，有的父母在地铁内，对吵闹的孩子说："如果再吵，坐车的人们要生气喽"，这样的做法，其实是把交际的责任强加给了他人。父母时常要留意，自己也要自信满满地表达自己的想法，说出"我的感受"。对直爽地表达自己主张的父母，孩子将油然而生敬意，日积月累，孩子自然学会清晰表达自己的主张，成为有主见、有思想的孩子。

如果父母和孩子没有形成良好的沟通，则孩子无法表达自己的感受，父母也难以理解孩子的信息。有的妈妈属于活泼型，喜欢和孩子沟通，于是等到孩子放学回家，就开始问："今天过得怎么样？"然而，孩子并没有热心回应她。这个孩子属于内向型，平时

倾听中制造沟通心灵的纽带

育儿烦恼

孩子不愿意回应父母的问话。
孩子和父母没有形成良好的沟通。

话也不太多。妈妈意识到交谈和倾听的重要性之后，逐渐变得不喜欢孩子这样的性格。

有的妈妈是相反的。这些妈妈属于话少的类型，孩子却属于超级活泼型，总是喜欢讲话给妈妈听。孩子小时妈妈敷衍过去，孩子还不太在意，但随着孩子慢慢长大，他会觉得："妈妈只会说这些吗？""跟妈妈说也没有用"。

如果父母在孩子小时候没有与他形成有效的沟通，等到孩子长大，父母开始关注孩子，打算成为"倾听的好父母"，忽然与孩子主动搭话，但是对孩子来说已经没有作用。

还有一种对话，是作为"父母"的身份发出的日常公事型对话，这种对话也无法和孩子心灵相通，传递想要理解孩子的信息。

回顾一下左页图中妈妈与孩子的交谈，相当于完成了每日公事，如"今天在幼儿园怎么样？""洗完手过来吃饭"。为此，孩子不会得到满足。

试试看!

解决 POINT

多倾听,不强迫孩子说给你听。用心对话,用情交流。

Prat ④ 连结心灵的倾听方法、沟通技术

亲子对话的目的是为了确认与对方的心灵感应,制造沟通彼此心灵的纽带。除了日常的公事型对话,再问问孩子"今天的午餐是什么?""感冒好了吗?"或者说"妈妈今天可难受了"等,任何对话都可以。父母想要知道孩子一天的生活,也想让孩子知道父母的情况,这种带着情感的对话,就是制造沟通心灵纽带的线索。

如果孩子说出的话,其中的想法得到父母的理解,将给予孩子安全感和满足感。父母通过对话去了解孩子对什么感兴趣,有什么苦恼等,也是对孩子非常大的支持。

Part 5
成为幸福父母的方法

本章重点内容介绍

最后,一起探讨关于父母的幸福。幸福孩子的第一步,就是父母自己幸福地生活。另外,由父母本身创造自己的幸福。

- ♥ 在爱孩子的同时,父母也要爱自己。
- ♥ 在支持孩子之前,更重要的是父母充实而稳定的生活。
- ♥ 父母本身,有时候也需要支持。
- ♥ 当你认为自己与父母的关系出现了问题,可以从现在开始改变自己。接着,可以尝试改变原生家庭的影响。

来自孩子的自立 1
父母也要爱自己

培养孩子的自我肯定感,是父母的工作。不过也有些父母烦恼的是:"我不喜欢自己,却要教孩子肯定自己,怎么可能?"事实上,培养孩子的自我肯定感,也是父母培养自我肯定感的过程。

1 记录喜欢自己的理由

给自己定一个目标,记录50个喜欢自己的理由。不可思议的是,在记录的过程中你的心情会变得非常愉快。

2 一天中至少说出10次认可今天的自己的话

不喜欢自己的人,从内心深处会经常批评自己。要想对抗这样的批评,就把认可自己的话说出来。不要寻找"没做到的事",而是找出自己做到的事情认可自己,如"我今天没有对孩子发火""我今

天没有催孩子"等。

3 创造喜欢自己的魔法语言

创造出使自己充满活力的语言，必要的时候说出来鼓励自己，如"我可以！""我好喜欢自己！"等什么都可以。

① 记录喜欢自己的理由

② 一天中至少说出10次认可今天的自己的话

③ 创造喜欢自己的魔法语言

来自孩子的自立 2
孩子并不要求完美的父母

我的女儿刚入中学时,很不适应新环境。每天听着女儿说她在学校的难受经历,我很难过,也很烦躁。

有一天,我因为要处理别的事迅速结束了和女儿的对话。即使我自以为不着痕迹地结束了对话,但女儿还是有可能受到了伤害。我的心中装满了罪恶感,心想女儿一定会责备我:"妈妈真的是什

Prat 5 成为幸福父母的方法

么都不愿意听。"

第二天,我决定勇敢面对女儿,把自己的所作所为和感受倾诉给女儿。与我的预想截然不同,女儿说:"妈妈,你不是总说世上没有完美的孩子吗,父母也是一样的哦,没有完美的父母,我也没难过。"在那一刻,我深深体会到孩子对父母是多么的宽容。

不少人在处理亲子关系时总会自责"……应该这样做才对",但仔细想一下,那样的想法只会增加罪恶感,亲子关系得不到任何改善。不如直接面对孩子,与孩子对话。父母首先承认自己的错误,向孩子认错,从这里开始向前进一步。为人父母,我们确实做不到完美,但是只要真实地面对,就是成长。而孩子从这样的父母身上,将学会如何与人相处,如何处理自己犯的错误,将学到面对生活的办法。

来自孩子的自立 3
从父母身上学会做事的快乐

如果孩子发生了问题，上班的妈妈都会有罪恶感。她们认为这都是因为自己没能抽出时间陪孩子。然而，即使妈妈是专职家庭主妇，有问题的孩子依然大有人在。问题并不在于父母是否工作。

如果你是全职工作的妈妈，不必为工作影响育儿而感到愧疚，也不必把工作的事情用育儿作借口，需要彻底分清工作和育儿的界限。这样的好处在于，你可以预先准备好上班时间不在家怎么照顾孩子，在家里如何平衡亲子时间又不影响工作。

这种情况对于爸爸也一样。照顾孩子，陪孩子玩、告诉孩子自己的感受，如果做不到这些，无法在孩子心目中建立爸爸的存在感，更不能说是"亲子"。不在孩子身边的时间，也让孩子感到父母的存在，为自己的工作自豪，把这些感受告诉孩子。孩子会为父

Prat ⑤ 成为幸福父母的方法

母感到自豪,也从父母身上学会工作的喜悦和对社会贡献的价值,他们自己以后走向社会也同样充满活力。

来自孩子的自立 4
心怀请求支援的勇气

被孩子的言行激怒，无法控制地生气和焦虑；提醒自己倾听孩子，却无法做到，从而无法原谅自己，陷入自责和愧疚……你是否有这样的体会？父母总被育儿的苦恼、焦虑和生气支配着，导致无法控制自己。

如果你正被自责纠缠不清，我认为你有必要寻求支援。父母充实而稳定的状态，是支持孩子最重要的条件。"我得解决孩子的问题""我得帮助孩子"，当你被这样的焦虑缠身的时候，漏掉了一点，这时候最需要被支援的实际上是父母本身。

如果你的搭档（配偶）愿意给予支援，那是最幸运的，或者找个无话不谈的朋友倾诉，也是可行的办法。

或者去参加育儿研讨会或讲座、父母网络组织，可以遇到同样被育儿困扰的父母。另外，你也可以找专业的心理咨询师交谈。他们会认真倾听你的苦恼，与你一起探索前进的方向。

Prat 5　成为幸福父母的方法

孩子需要你的倾听和帮助，同样，父母也需要他人的倾听和帮助。很多人都是第一次做父母，我们心怀忐忑，却又充满信心，我们都希望孩子能在我们的教育下超越自己，有更加美满幸福的人生。

来自父母的自立 1
父母不会变,改变你自己

当自己与孩子沟通出现问题的时候,有的人会怪罪自己的父母,认为这是原生家庭的问题。一位来咨询育儿问题的妈妈 H,说曾经对女儿实施过轻暴力。H 小时候经常被脾气暴躁的母亲打骂,母亲总拿她和兄弟姐妹比较,她在这种环境下长大。

H 认为自己行为的原由,是来自小时候受母亲的暴力,她想和母亲交谈自己的伤心往事,希望母亲能作出改变。然而,当她去找母亲,看到母亲一边悠闲地喝着茶一边聊天的时候,突然意识到"母亲是不会改变的"。

于是,H 下定了决心,与其改变母亲,不如改变自己。她决定停止把现在自己犯的错怪罪给母亲,不再让原生家庭的错影响自己现在的生活,让自己变得更加幸福。

Prat 5　成为幸福父母的方法

　　H 从改变自己开始，改善自己与女儿的关系。在对孩子动手之前事先察觉，以此控制自己，努力给女儿创造一个幸福、崭新的原生家庭。

来自父母的自立 2
脱离过度干涉的父母，自立生活

有些人在育儿过程中的烦恼来自父母的过度干预。在父母关爱下成长的 K，为母亲的干涉备感郁闷。即使 K 开始工作，母亲还总是送给她名牌服装和名牌包包。等她结婚生了孩子，家中堆

满了母亲送来的礼物。

在K的内心深处，一直隐约潜伏着自己在利用父母的罪恶感。同时，她也逐渐厌烦了母亲的强加于人。既然得到了援助，K只有忍受母亲以恩人自居。当一个人习惯于依赖另一个人生活的时候，就会自然而然地产生某种情绪。如果K想要自立生活，就必须拒绝来自父母的援助。

于是K停止了与父母的频繁往来，开始了母亲不在身边指手画脚的生活。她说，现在感受到了真正的自由。对于长年接受援助的人，突然切断援助并非易事。不过，一旦你不欠父母，就可以与父母平等相处。就这样，你与父母的关系，第一次产生了新的选项。

我们培养孩子的一个重要目标，就是帮助他们成为一个独立的个体，与我们保持独立，有一天当他离开我们时，可以自己独当一面，有自己的性情、品位、感知、目标和梦想，而不是成为我们自己的延续或翻版。试想，如果我们自己尚不能脱离父母而独立，又何谈让孩子成为自立的人呢？

来自父母的自立 3
与原生家庭，不要怕碰撞

我们来自不同的家庭，有不同的习惯和规则，当我们长大之后组成新的家庭，也会或多或少受到原生家庭的影响。但是，我们不能把原生家庭当作自己不肯成长和改变的借口，因为现在你的幸福、孩子的幸福，都掌握在你自己手里。所以，不要怕与原生家庭产生

碰撞。

有些人深信如果与父母说出真实的感受，父母会受伤。"因为你那样做，妈妈很为难，很生气。"在这种语言下成长的许多人，会认为父母的不开心是因为自己。另外，被父母过度宠爱、过度帮助的孩子普遍认为，如果做了不确定父母喜欢的事，或者做了自己真正想做的事情，是对父母的不敬。

第146页的H，与母亲接触的时候，做到了当场表明是非对错，坦率地表达了自己的想法。她发现即使这样，母亲并没有察觉什么。岂止如此，母亲看上去似乎非常欣赏H坚定的态度。

在第148页，K断绝了母亲的财物援助，自立生活。即使这样，母亲并没有受到任何影响，依然精神十足地去旅游，开心地生活。

即使孩子的处理方式发生了变化，但如果让父母看到自己的孩子生活得更幸福，他们也会理解并释然。

只要重新认识与原生家庭的关系，能够与父母坦荡地相处，不怕碰撞，就会产生全新的亲子关系。

附 录

连结心灵的倾听方法

1 首先要保持沉默,全神贯注地倾听。

2 用"哦……""这样啊……"回应,并重复孩子的话。
哦,这样啊,你很难过是吧!

3 引导孩子提出解决方案的倾听方法。
想想有什么办法可以解决这个问题呢?

4 体谅孩子的心情。
原来是这样,所以你很伤心吧?

5 用态度表达愿意理解孩子的心情。
与孩子对视,露出温和倾听的表情,注意姿态、手势和语调。

注:请将这些方法沿线裁剪下来,贴在随处可见的地方,时刻提醒自己。

避免冲突的沟通技术

1 将沟通的主语由"你"换为"我"。
我一直很担心,这么晚不回家,不知道你发生了什么事。

2 客观地描述事实。
我看到某人的屋里乱得像鸟窝。

3 告别长篇大论,用简短的词语表达。
睡觉时间到!

4 学会写便条。
今天爸爸上班太累了,希望晚上9点之后进入静默世界!

制订家庭生活框架

1. _____

2. _____

3. _____

4. _____

育儿手记

年　　月　　日　　星期　　　天气

编后记

曾在日本悬疑推理小说家伊坂幸太郎的书上看到过一句话:"当父母的不培训就上岗,实在是太可怕了!"我深以为然。

回顾自己这十几年来养育孩子的经历,走过很多弯路,试过很多错,但孩子已无法重新长大。策划了十几年的儿童书之后,一直想策划一套像童书一样好玩的育儿书,既能指导方法,还能轻松阅读,更适合现在忙碌的上班族妈妈。直到在上海国际书展上看到了日本池田书店的《0~2岁亲子游戏图鉴》,我觉得就这是我一直想要寻找的书了,既专业又有趣,配合可爱的插画让人一目了然,于是,"看图学育儿"系列图书诞生了。

在此之后,我又相继签了日本另外两本育儿专家的书,《不生气育儿图鉴》和现在这本《孩子的心理指导》。这三本书兼具专业性和趣味性,分别从不同角度给父母以指导。《0~2岁亲子游戏图鉴》介绍了上百种好玩的亲子游戏,还有玩具制作、手指谣等,是增进亲子关系的最好途径;《不生气育儿图鉴》则选取48个易让妈妈怒气冲天的育儿场景,分别指出错误做法和正确做法,让妈妈们学会管理情绪,控制愤怒。而这本《孩子的心理指导》主要是从心理学角度

给妈妈们提出建议:教育孩子需要着眼于未来,需要教给孩子三件事——爱、责任和内在动力,这是让孩子幸福的基础和保证。试问自己内心,父母养育孩子,最终目的不就是让孩子以后生活幸福吗?

相对于前两本书来说,《孩子的心理指导》的作者因为是培养父母成为"教练"的讲师,书中的理论知识更多一些,为了增加其趣味性、实用性和可操作性,在征求外方出版社及作者同意的基础上,我又用了几个月的时间,根据作者的理论指导,添加了部分方便操作及测试的内容,如:父母给予孩子的安全感测试(p.26)、孩子是否缺乏安全感测试(p.27)、表扬的正确方法(p.45)、代替惩罚的方法(p.47)及沟通技术(p.118~p.125)。还增加了附录部分(p.153~p.159):连结心灵的倾听方法、避免冲突的沟通技术、制订家庭生活框架、育儿手记等,想让妈妈们在学习理论知识的同时,还能勤于实践,以便更有效地掌握这些方法和技巧,而不是看了一遍又一遍,依然无所适从。

最后,希望所有的妈妈们都能找到适合自己孩子的养育方法,从天天对着孩子大吼大叫、身心疲惫的父母,成长为越来越释然、淡定、不焦虑的父母,在育儿之路上越走越自信,越来越欣喜。

"看图学育儿"系列图书策划 萍子
2020 年 12 月 16 日